BEI GRIN MACHT SICH IHR
WISSEN BEZAHLT

AF155614

- Wir veröffentlichen Ihre Hausarbeit,
  Bachelor- und Masterarbeit

- Ihr eigenes eBook und Buch -
  weltweit in allen wichtigen Shops

- Verdienen Sie an jedem Verkauf

Jetzt bei www.GRIN.com hochladen
und kostenlos publizieren

Anne Kaufmann

Gesundheitsförderung durch das Einsetzen von Entspannungs- und Bewegungsübungen im Unterricht

GRIN Verlag

Bibliografische Information der Deutschen Nationalbibliothek:

Die Deutsche Bibliothek verzeichnet diese Publikation in der Deutschen National-bibliografie; detaillierte bibliografische Daten sind im Internet über http://dnb.d-nb.de/ abrufbar.

Impressum:

Copyright © 2003 GRIN Verlag GmbH
Druck und Bindung: Books on Demand GmbH, Norderstedt Germany
ISBN: 978-3-640-30665-7

Dieses Buch bei GRIN:

http://www.grin.com/de/e-book/125186/gesundheitsfoerderung-durch-das-einsetzen-von-entspannungs-und-bewegungsuebungen

GRIN - Your knowledge has value

Der GRIN Verlag publiziert seit 1998 wissenschaftliche Arbeiten von Studenten, Hochschullehrern und anderen Akademikern als eBook und gedrucktes Buch. Die Verlagswebsite www.grin.com ist die ideale Plattform zur Veröffentlichung von Hausarbeiten, Abschlussarbeiten, wissenschaftlichen Aufsätzen, Dissertationen und Fachbüchern.

Besuchen Sie uns im Internet:

http://www.grin.com/

http://www.facebook.com/grincom

http://www.twitter.com/grin_com

Johann Wolfgang Goethe- Universität Frankfurt am Main

Institut für Didaktik der Biologie

Biologische Arbeitsmethoden für den Sachunterricht

Gesundheitsförderung durch das Einsetzen von

Entspannungs- und

Bewegungsübungen im Unterricht

Datum: Juni 2003

Inhaltsverzeichnis

1. Einleitung

In der Ausarbeitung zum Thema Gesundheitsförderung habe ich mich mit Entspannungs- und Bewegungsübungen und deren Wirkung auf den Schulalltag beschäftigt. Es soll auf die Funktion des Lernens eingegangen werden und wie sich Entspannungs- und Bewegungsübungen auf die Schüler und den Lernprozess auswirken.

Das Verhalten der Grundschulkinder hat sich in den letzten Jahren massiv verändert. Das Spiel- und Freizeitverhalten hat sich in vielen Familien deutlich geändert. Die Kinder spielen und bewegen sich kaum noch, da sie einen großen Teil ihrer Freizeit vor Fernseher, Computer und anderen elektronischen Medien verbringen. Folglich weisen viele Kinder Störungen in der Motorik und Wahrnehmungsdefizite bei Schulanfang auf. Dies zeigt sich in der Schule durch Mangel an Konzentration und Aufmerksamkeit. Dementsprechend verschlechtert sich das Klima in der Klasse, da Unruhe auftritt. Entspannungs- und Bewegungsübungen können der Verbesserung des Klassenklimas dienen, da sie positive Auswirkungen auf das Verhalten und den Lernprozess der Schüler haben. Sie sorgen für einen Wechsel von Anspannung und Entspannung und dafür, dass Ruhe eintritt und die Kinder sich erneut konzentrieren können. Daher ist es wichtig diese Übungen in den Schulalltag regelmäßig mit einzubeziehen.

Unsere Ausarbeitung soll dies in mehreren Kapiteln verdeutlichen.

Zuerst gehe ich auf die Funktion des Lernens ein und wie sich der Prozess des Lernens durch Entspannungs- und Bewegungsübungen verbessern lässt. Hierbei sollen die Aufgabe der Schule angesprochen werden. Das nächste Kapitel beschäftigt sich mit Stresskomponenten, die oftmals in der Schule auftreten und Grund für Störungen des Lernprozesses sein können. Anschließend gehen wir auf das spezifische Einsetzen von Entspannungs- und Bewegungsübungen in der Klasse ein.

2. Die Funktion des Lernens

2.1. Das Hemisphärenmodell und seine Funktion im Lernprozess

In diesem Teil der Ausarbeitung wird beschrieben wie Lernen funktioniert und wie Entspannungs- und Bewegungsübungen das Lernen bei Schülern fördern können. Allgemein weiß man, dass Bewegung nicht nur durch den Körper geschieht, sondern auch das Gehirn daran beteiligt ist, da es die Motorik steuert. Durch die Bewegung wird so das Gehirn besser durchblutet und der Lernprozess gefördert, da eine größere Sauerstoffzufuhr erfolgt.

Um der Frage auf den Grund gehen zu können, wie es möglich ist, dass Entspannungs- und Bewegungsübungen im Schulalltag die Lernleistung von Schülern erfolgversprechend beeinflussen, muss zunächst geklärt werden, wie der Lernprozess von statten geht. Das Großhirn des Menschen setzt sich aus der rechten und der linken Gehirnhälfte (Hemisphäre) zusammen.

Diese Hemisphären sind durch ein dickes Nervenbündel, den Balken (Corpus callosum), miteinander verbunden. Dieser Balken setzt sich aus Millionen von Nervenfasern zusammen. Die Nervenbahnen, die im Gehirn für die Motorik zuständig sind, verlaufen im Gehirn überkreuzt. Daher kommt es zu einer speziellen Steuerung durch die Hemisphären.

Die linke Hemisphäre steuert beinahe alle Sinnesorgane und Bewegungen der rechten Körperseite und ist außerdem zuständig für logisches und digitales Denken, Regeln und Gesetze, Sprache und Lesen, sowie Wissenschaft und Zeitplanung.[1]

Für Emotionen, Intuition, Humor, ganzheitliche Erfahrungen und auch Gefühlskomponenten der Sprache ist die rechte Hemisphäre zuständig. Sie übernimmt weiterhin die Funktion für analoges Denken und bildhafte Vorstellungen. Auch der sportliche und musische Bereich wird von ihr gesteuert, sowie die Sinnesorgane und Bewegungen der linken Körperseite.[2]

In der Schule lässt sich häufig nur die Förderung der linken Gehirnhälfte beobachten. Um erfolgreich zu lernen, ist es jedoch wichtig, beide Gehirnhälften annähernd symmetrisch zu beanspruchen, denn „Inhalte werden nicht nur an einer Stelle im Gehirn verarbeitet und gespeichert, sondern sie werden in einzelne Wahrnehmungen aufgespalten und verteilen sich dann auf verschieden Gehirnareale".[3] Wenn Lernen nur auf logisch-mathematische und

---

[1] vgl. Härdt, B. (2000), S. 23 f.
[2] vgl. Härdt, B. (2000), S. 25 f.
[3] Härdt, B. (2000), S. 27.

linguistische Fähigkeiten aufbaut, wird demnach wichtiges Lernpotential vergeudet. Daher ist es von Bedeutung beide Hemisphären zu gleichen Teilen zu fördern.

„Je genauer wir das ausgefeilte Zusammenspiel von Gehirn und Körper betrachten, desto klarer und zwingender erscheint ein Gedanke: Bewegung ist für das Lernen absolut notwendig. Bewegung erweckt und aktiviert viele unserer geistigen Fähigkeiten. Bewegung integriert und verankert neue Informationen und Erfahrungen in unsere neuralen Netzwerke. Und Bewegung ist Voraussetzung dafür, daß wir das Gelernte, unser Verständnis und unser Selbst durch Handeln zum Ausdruck bringen".[4]

3. Stress

3.1. Stress - ein typisches Problem in der Schule

Stress ist die Reaktion des Organismus auf körperliche oder seelische Beanspruchung. Unter extremer körperlicher Belastung versteht man Faktoren wie Hitze, Hunger oder Lärm. Seelische Belastungen sind zum Beispiel Leistungsdruck, Ärger, Nervosität oder Freude. Steht man unter Stress, ist man in der Lage über seine gewöhnlichen Fähigkeiten hinauszuwachsen, da das Hormon *Adrenalin* in das Blut abgegeben wird. Dadurch schlägt das Herz schneller, der Blutdruck steigt und die Muskeln werden gut durchblutet. Außerdem werden Energiereserven aktiviert. So wird zum Beispiel das in der Leber gelagerte Glykogen zu Glycose umgewandelt und an das Blut abgegeben.[5] Stress dient ursprünglich der Abwehr von Gefahren: Der erhöhte Blutdruck und die angespannte Muskulatur verhalfen unseren Vorfahren zur erfolgreichen Flucht vor Feinden. Er darf daher „[…] nicht nur negativ gesehen werden, denn er ist eine natürliche, lebenswichtige Reaktion des Körpers auf Belastungen, auf Gefahrensituationen und auf Ängste".[6]

Man unterscheidet zwischen positivem Stress (Eustress) und negativem Stress (Distress). Eustress entsteht zum Beispiel durch Freude oder Verliebtheit und wirkt sich leistungsfördernd aus. Unter Distress hingegen kann man Dauerstress wie Termindruck oder

---

[4] Hannaford, C. (1999), S. 115.
[5] vgl. Beuck, Dobers, Rabisch, Zeeb (2001), S. 272.
[6] Härdt, B. (2000), S. 10.

5

Leistungserwartungen verstehen. Dieser kann gesundheitliche Folgen haben und sogar zum Tode führen, da die erforderlichen Erholungsphasen nach der Stressituation fehlen.[7] Bei einem normalen Stressverlauf gönnt sich der Körper nach der belastenden Stressreaktion eine Phase der Erholung, in der sich Puls und Atmung wieder normalisieren können.

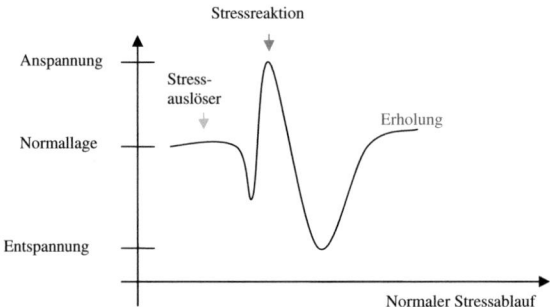

Aus: Beuck, Dobers, Rabisch, Zeeb (2001), S. 272.

Bei Dauerstress fehlt die Phase der Erholung. Deshalb addieren sich die Stressreaktionen und führen zu einer übermäßigen Anspannung.

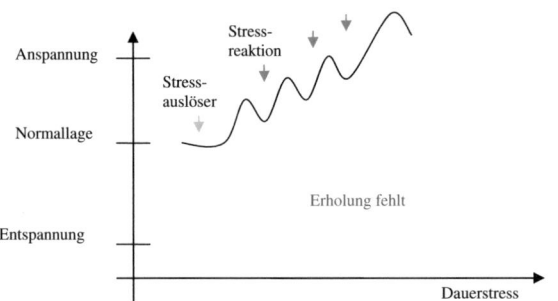

Aus: Beuck, Dobers, Rabisch, Zeeb (2001), S.   272.

---

[7] vgl. Beuck, Dobers, Rabisch, Zeeb 2001, S. 273.

3.2   Ursachen für Schulstress

In der Schule äußert sich Stress oftmals in Denkblockaden, Konzentrationsschwächen oder Aggressionen. Die Ursachen für Schulstress sind vielschichtig und von der Lehrperson ernst zu nehmen, damit eine entspannte Atmosphäre erreicht werden kann, die zum erfolgreichen Lernen beiträgt.

Die Ursachen sind zu suchen in den äußeren Bedingungen der Schule oder des Klassenzimmers. Zu diesen Ursachen zählen u.a. Sauerstoffmangel, Platzmangel, Hitze, Kälte, Lärm und auch Bewegungsmangel.

Aber durch soziale Probleme im Klassenverband können ebenfalls Stresssymptome auftreten. Dazu zählen vor allem Mobbing, Kontaktarmut der Schüler untereinander und die Ausgrenzung von Mitschülern. Besonders häufig tritt Stress auf, wenn es um Faktoren im Unterricht geht. Leistungsdruck, humorloser Unterricht, Informationsüberflutung, Über- und Unterforderung können zu Stress führen.

Auch Schüler können sich selbst unter Druck setzen und den Stress somit eigenständig produzieren. Besonders häufig geschieht dies, wenn der Schüler zu hohe Erwartungen an sich selbst hat und sich Misserfolge einstellen. Auch Angst kann ein hoher Stressfaktor sein.[8]

Hinzu kommen noch Probleme, die von der Schule nicht direkt verursacht werden, sondern die die Schüler mit in den Unterricht bringen. Zu diesen außerschulischen Quellen gehören häufig Probleme, die das soziale Umfeld und die Lebensweise der Schüler betreffen.

Die schulischen und außerschulischen Stressfaktoren addieren sich, wenn sie zwischenzeitlich nicht abgebaut werden können.

3.3 Stressbewältigung

Schulstress kann durch verschiedene Möglichkeiten reduziert werden.

- Mit den Schülern können Entspannungs- und Bewegungsübungen im Klassenzimmer durchgeführt werden. Dabei sollten diese Pausen gezielt und regelmäßig zum Einsatz kommen.
- Man kann den Schülern unauffällig Übungen zeigen, die auch während des eigentlichen Unterrichts durchgeführt werden können. Somit können die Schüler individuell für sich

---

[8] vgl. Härdt, B. (2000), S. 14.

Pausen wählen, ohne die anderen zu stören. Dies kann auch im Privatleben durchgeführt werden.

- Die Schüler sollten ihre Sitzpositionen häufig und regelmäßig verändern. Darauf sollte auch der Lehrer achten.

- Auch Lernformen wie Freie Arbeit oder Lernen an Stationen sollten durch die aufkommende Bewegungsfreiheit während des Unterrichts öfters eingesetzt werden.[9]

4. Konsequenzen für das Einsetzen von Entspannungs- und Bewegungsübungen im Unterricht

4.1. Die Auswirkungen von den Übungen auf den Lernprozess

Zum erfolgreichen Lernen ist es wichtig, Maßnamen zu ergreifen, die den eben aufgezählten Stressfaktoren entgegenwirken. Es kann bereits viel damit erreicht werden, wenn der Unterricht offen gestaltet wird: Teamarbeit und Stationen-Lernen bringen Bewegung in den Schulalltag und die pantomimische Darstellung von Sachverhalten sorgen für Motivation und ein soziales Miteinander. Neben dieser integrierten Form von Bewegung im Unterricht, gibt es auch die Möglichkeit der täglichen Bewegungszeit als selbstständige Unterrichtseinheit. Hier werden gezielt Entspannungs- oder Bewegungsübungen eingesetzt, um beide Gehirnhälften zu aktivieren und die Durchblutung zu fördern, und somit anschließend eine erhöhte Aufmerksamkeit der Schüler zu erlangen.

Durch das bewusste Einsetzen von Entspannungs- und Bewegungsphasen lernen Schüler selbstständig mit Stress umzugehen: Sie merken, dass ihnen diese zu einer erhöhten Leistungsfähigkeit verhelfen, Konzentration und Ruhe finden lassen. Einige Übungen können die Kinder für ihren Alltag übernehmen, wenn sie wahrnehmen, dass sie sich in einer unangenehmen Situation befinden.

Effektives Lernen findet außerdem dann statt, wenn verschiedene Sinne gleichzeitig angesprochen – also „möglichst viele sensorische Kanäle" benutzt werden. Dadurch werden „möglichst viele Speicherplätze" des Gehirns belegt.[10] Die verschiedenen Sinne werden nur durch eine ganzheitliche Unterrichtsform angesprochen, in die auch der Aspekt der Bewegung – also des haptischen Sinns – mit einfließt.

---

[9] vgl. Härdt, B. (2000), S. 22f.
[10] vgl. Härdt, B. (2000), S. 33.

Nach Härdt gehören zu „gehirngerechtem Lernen" das Lernen mit allen Sinnen, eine stressarme Lernatmosphäre, Emotionen und auch die Kombination der Leistung beider Gehirnhälften durch Bewegung und Entspannung.

4.2. Die Aufgabe der Schule

Die Konsequenz für den erfolgreichen Unterrichtsalltag lautet also, dass Bewegung und Entspannung zwei wichtige Komponenten sind, um Stress abzubauen und somit die Leistungsfähigkeit einer Schulklasse zu erhöhen, deren Gesundheit zu fördern und das Klassenklima zu verbessern. Aus diesem Grund sollte die Bewegungszeit zu einem festen, wenn möglich täglichen, Bestandteil des Unterrichts sein. Wichtig ist, dass diese Zeit vollkommen frei von Stressfaktoren, wie zum Beispiel Leistungsdruck ist. Auch sollte sie nicht zu ernsthaft und humorlos sein. Auf diese Weise wird zusätzlich das Klima in der Klasse verbessert.

Die Aufgaben der Schule müssen also sein, dass die Lehrer darüber Bescheid wissen, wie die Hemisphären funktionieren und wie Lernblockaden entstehen und abgebaut werden können. Daher muss sich die Schule auf eine Zusammenarbeit der beiden Hemisphären bemühen, denn nur durch das Zusammenarbeiten der beiden Gehirnhälften, kann es zu einem idealen Lernprozess kommen.

Folgende Maßnahmen können der Förderung von Lernen und Entspannen dienlich sein.

- Entspannungs- und Bewegungsübungen
- Visualisieren der Unterrichts- bzw. Lerninhalte
- Stressarme Lernatmosphäre schaffen
- Kombination der beiden Hemisphären anstreben
- Emotional geprägtes Lernen und gute Laune
- Lernprozesse durch alle Sinne[11]

Die Entspannungs- und Bewegungsübungen sollten wie folgt in den Unterricht mit einbezogen werden: Zunächst muss bei den Übungen auf die äußeren Umstände geachtet werden. Die Fenster sollten geöffnet sein, um eine optimale Sauerstoffzufuhr zu gewährleisten. Nun kann man zu der eigentlichen Übung kommen. Ob man die Übungen vor der Durchführung, währenddessen oder gar nicht erläutert, bleibt dem Lehrer selbst überlassen und richtet sich nach der Art der Übung. Die Übungen sollten nicht zu kurz sein.

---

[11] vgl. Härdt, B. (2000), S. 28-33

Eine Zeitspanne bis zu zehn Minuten ist angebracht. Wenn die Schüler an die Übungen bereits gewöhnt sind, kann man sie von den Schülern durchführen lassen.

Der Zeitpunkt des Einsetzens sollte der Lehrer nach der jeweiligen Klassensituation ausrichten und in der Lage sein, die Übungen in den Unterricht einfließen zu lassen. Eine kurze Basis kann aus dem folgenden Übungskatalog ersehen werden. Jeder Lehrer, der diese Übungen in den Unterricht einbauen will, sollte sich vorher mit den Übungen vertraut machen. Bei der Durchführung sollte darauf geachtet werden, nicht möglichst viele unterschiedliche Übungen zu wählen. Besser man beschränkt sich auf einige wenige, da sich Schüler somit besser erinnern und diese dann auch gezielter durchführen können. Dies hat zusätzlich den Vorteil, dass die Schüler diese Übungen eventuell auch in privaten Stresssituationen und Konzentrationsproblemen anwenden.

6. Literaturverzeichnis

- Beuck, H.-G./ Dobers, J./ Rabisch, G./ Zeeb, A. (2001): Erlebnis Biologie 2. Schroedel Verlag, Hannover.

- Fink- Klein, W./ Peter- Führe, S./ Reichmann, I. (2000): Rhythmik im Kindergarten. Erlebnisreiche Spielformen mit Musik- Bewegung- Sprache, 9. Auflage. Herder, Freiburg.

- Hannaford, Carla (1999): Bewegung- das Tor zum Lernen, 3. Auflage. VAK- Verlag, Kirchzarten.

- Härdt, Bärbel (2000): Besser lernen durch Bewegen und Entspannen. Grundlagen und Übungen für die Sekundarstufe I. Cornelson Scriptor, Berlin.

- Zimmer, Renate (1995): Kreative Bewegungsspiele. Psychomotorische Förderung im Kindergarten, 7. Auflage. Herder, Freiburg.